T0209829

essentials liefern aktuelles Wissen in konzentrierter Form. Die Essenz dessen, worauf es als „State-of-the-Art" in der gegenwärtigen Fachdiskussion oder in der Praxis ankommt. *essentials* informieren schnell, unkompliziert und verständlich

- als Einführung in ein aktuelles Thema aus Ihrem Fachgebiet
- als Einstieg in ein für Sie noch unbekanntes Themenfeld
- als Einblick, um zum Thema mitreden zu können

Die Bücher in elektronischer und gedruckter Form bringen das Expertenwissen von Springer-Fachautoren kompakt zur Darstellung. Sie sind besonders für die Nutzung als eBook auf Tablet-PCs, eBook-Readern und Smartphones geeignet. *essentials:* Wissensbausteine aus den Wirtschafts-, Sozial- und Geisteswissenschaften, aus Technik und Naturwissenschaften sowie aus Medizin, Psychologie und Gesundheitsberufen. Von renommierten Autoren aller Springer-Verlagsmarken.

Weitere Bände in der Reihe http://www.springer.com/series/13088

Torsten Schmiermund

Die Entdeckung des Periodensystems der chemischen Elemente

Eine kurze Reise von den Anfängen bis heute

 Springer Spektrum

Torsten Schmiermund
Frankfurt am Main, Deutschland

Elektronisches Zusatzmaterial für dieses Buch ist in Kapitel 1 enthalten.

ISSN 2197-6708   ISSN 2197-6716   (electronic)
essentials
ISBN 978-3-658-28318-6   ISBN 978-3-658-28319-3   (eBook)
https://doi.org/10.1007/978-3-658-28319-3

Die Deutsche Nationalbibliothek verzeichnet diese Publikation in der Deutschen Nationalbiblio-
grafie; detaillierte bibliografische Daten sind im Internet über http://dnb.d-nb.de abrufbar.

Springer Spektrum
© Springer Fachmedien Wiesbaden GmbH, ein Teil von Springer Nature 2019

Springer Spektrum ist ein Imprint der eingetragenen Gesellschaft Springer Fachmedien
Wiesbaden GmbH und ist ein Teil von Springer Nature.
Die Anschrift der Gesellschaft ist: Abraham-Lincoln-Str. 46, 65189 Wiesbaden, Germany

Was Sie in diesem *essential* finden können

- Einen historischen Abriss zur Entwicklung des Periodensystems der Elemente (PSE)
- Informationen zu Vorarbeiten und Vorläufern des PSE
- Eine Erklärung des Aufbaus des PSE
- Unterschiedliche Varianten der Darstellung

Inhaltsverzeichnis

Einleitung

Vor 150 Jahren, 1869, wurde das „periodische System der Elemente" entdeckt. Es wurde nicht von Naturwissenschaftlern entwickelt – es wurde genauso entdeckt, wie auch die chemischen Elemente entdeckt wurden. Das Periodensystem ist eine ‚von der Natur gegebene Ordnung' und wurde vom Menschen nur in eine Form gebracht.

Für viele ist das Periodensystem ein Sinnbild für den oft als schwierig oder gar lästig empfundenen Chemieunterricht der Schule. Gleichzeitig ist es aber auch ein Sinnbild für „die Chemie" – so wie das rote „A" ein Sinnbild für Apotheken darstellt. Schauen Sie doch einmal selbst, was so alles mit aufgedrucktem Periodensystem angeboten wird: Tassen, Mauspads, Duschvorhänge, Badetücher, Kissenbezüge, Teppiche, Brotdosen u. a. m.

Für die meisten Personen, die keine ausgeprägte Chemie-Affinität besitzen, ist das PSE wohl einfach nur eine komplizierte Tabelle, in der zwar die chemischen Elemente nach ihrer Ordnungszahl aufgereiht sind, aber leider in unterschiedlich langen Reihen (Perioden), ohne dass sich der Sinn dahinter erschließt. Erst bei näherer Betrachtung zeigen sich über die Spalten (Gruppen) Verwandtschaften der einzelnen Elemente. Ist man mit der Elektronenstruktur der Elemente vertraut, kennt man den Aufbau der Atomhülle, so erschließt sich auch, warum die Perioden unterschiedliche Längen haben. Wie so oft in den Naturwissenschaften lohnt sich ein zweiter Blick.

Das Periodensystem ist zeitlos. Die Entdeckung der Edelgase Ende des 19. Jahrhunderts brachte es nicht ins Wanken, man konnte sie einfach hinzufügen. Neuere Erkenntnisse zum Aufbau vom Inneren der Atome zu Beginn des

Elektronisches Zusatzmaterial Die elektronische Version dieses Kapitels enthält Zusatzmaterial, das berechtigten Benutzern zur Verfügung steht. https://doi.org/10.1007/978-3-658-28319-3_1

20. Jahrhunderts halfen den Aufbau des Systems besser zu verstehen. Das quanten-mechanische Atommodell fügte dem PSE keinen Schaden zu und die zwischen 1960 und 2016 durch den Menschen erzeugten „neuen" Elemente passen ebenfalls problemlos in dieses Schema. Daneben lässt sich der Wert dieser „Tabelle" in theo-retischer, praktischer und pädagogischer Sicht kaum hoch genug einschätzen.

Was sie wissen sollten
Wenn Sie ein „alter Hase" sind, sich bereits gut mit Chemie auskennen: Nur zu. Viel Freude mit dem Buch.

Sind Sie eher der „chemische Anfänger", dann sollten Sie zumindest mit den Atomsymbolen („chemische Abkürzungen") für die Elemente vertraut sein. Gegebenenfalls nehmen Sie sich einfach eines der (farbigen) Periodensysteme zur Hand, die als Zusatzmaterial unter https://doi.org/10.1007/ 978-3-658-28319-3_1 auf der Seite dieses Werkes zum Download zur Verfügung stehen.

Weiterhin ist es von Vorteil, über etwas Vorwissen zum Thema Atombau zu verfügen. Die kurz gefassten Erläuterungen in diesem Buch können nur der Wiederholung/Auffrischung dienen. Ggfs. greifen Sie auf die am Ende auf-geführte Literatur zurück.

Literaturhinweis
Sollten Sie sich näher mit dem Thema beschäftigen wollen, dann werfen Sie einen Blick in das Literaturverzeichnis. Hier finden Sie, neben der für dieses *essential* verwendeten Literatur, weitere Buchtipps.

Geschichte des Periodensystems

2

Wie meist in den Naturwissenschaften ist auch die „Entdeckung" des Periodensystems der Elemente (kurz: PSE) weder geradlinig verlaufen noch das Ergebnis einer spontanen Eingebung. Sehen wir uns also zunächst an, welche Vorarbeiten geleistet worden waren und wie es dann zum PSE in der uns heute bekannten Form kam.

2.1 Die Atomtheorie

Bereits Demokrit (460–370 v. Chr.) erklärte um 400 v. u. Z., dass alle Stoffe aus „Atomen" (griech. *atomos* = unteilbar) aufgebaut sind. Er erweiterte die Auffassung seines Lehrers Leukipp von Milet (ca. 450 v. Chr.) dadurch, dass er annahm, die Atome der verschiedenen Stoffe unterschieden sich durch Form, Größe und Masse. Weiters könnten diese Atome zueinander eine bestimmte Lage einnehmen, miteinander zusammenstoßen, sich vereinigen und wieder trennen. Auf diese Art konnte Demokrit die Vielfalt der uns umgebenden Stoffe erklären. Der griechische Philosoph Epikur (341-ca. 270 v. Chr.) entwickelte Jahrzehnte nach Demokrit die Atomtheorie weiter und verfasste zehn Lehrsätze über die Grundbausteine der Welt:

- Nichts entsteht aus dem, was nicht ist.
- Nichts löst sich auf in das, was nicht ist.
- Das Ganze ist unendlich.
- Das Ganze ist immer so gewesen, wie es jetzt ist, und wird immer so bleiben.
- Das Ganze besteht aus den Körpern und der Leere.

© Springer Fachmedien Wiesbaden GmbH, ein Teil von Springer Nature 2019
T. Schmiermund, *Die Entdeckung des Periodensystems der chemischen Elemente*, essentials, https://doi.org/10.1007/978-3-658-28319-3_2

- Es gibt zwei Arten von Körpern: Atome und Aggregate (Atomzusammensetzungen).
- Die Atome bewegen sich ohne Unterlass.
- Die Atome haben mit den sinnlichen Dingen nur drei Dinge gemeinsam: Form, Volumen und Gewicht
- Die Atome sind unendlich an Anzahl, die Leere ist unendlich an Ausdehnung.
- Die Atome von identischer Form sind unendlich in der Anzahl, ihre Formen hingegen sind unbestimmt in der Anzahl, jedoch nicht unendlich.

Danach geriet die Atomtheorie in Vergessenheit, bis sie von dem französischen Physiker Gassendi (1592–1655) erneuert und verbessert wurde. Der englische Chemiker Robert Boyle (1627–1691) griff dies 1661 in seinem wegweisenden Buch *„The Sceptical Chymist"* wieder auf und entwickelte eine weiter verbesserte Theorie der Atome.

In seinem Buch verwirft Boyle die „Lehre von den vier Elementen" und die „Lehre der drei Prinzipien", die auf den Schriften von Paracelcus' beruhen und die Vorstellungen der Chemie/Alchemie über mehrere Jahrhunderte bestimmten.

Boyle führte einen neuen Element-Begriff ein, der u. a. Feuer, Erde, Wasser und Luft als Elemente ausschloss. Er führte die chemischen Veränderungen auf Änderungen in der Struktur verschieden geformter Teilchen („Korpuskeln") zurück und nahm an, dass die verschiedenen Stoffe durch den Zusammentritt verschieden geformter Korpuskeln zu unterschiedlichen Formen gebildet werden.

Erst mit dem Modell des englischen Chemikers John Dalton (1766–1844) kann aber von einer modernen, naturwissenschaftlichen Sicht des Atom-Begriffs gesprochen werden. Aufgrund seiner Untersuchungen über Gase und deren Löslichkeit in Flüssigkeiten entwickelte er ein erstes „wissenschaftliches" Atommodell.

Die zentralen Folgerungen des 1805 veröffentlichten Dalton'schen Atommodells sind:

- Stoffe bestehen aus kleinsten, nicht weiter zerlegbaren Teilchen, den Atomen.
- Die Atome verschiedener Elemente besitzen verschiedene Massen und haben verschiedene Eigenschaften.
- Die Atome eines Elements sind untereinander in ihrer Masse und ihren chemischen Eigenschaften gleich.
- Atome verschiedener Elemente können sich miteinander, im Verhältnis einfacher, ganzer Zahlen, zu Verbindungen zusammensetzen.
- Beim Zersetzen einer Verbindung können die unverändert bleibenden Atome erneut dieselbe oder auch andere Verbindungen bilden.

- Die Atome lassen sich als massive, materieerfüllte Kugeln auffassen.

Dalton legte mit seinen Untersuchungen über die relativen Massen der Atome (mit der Bezugsgröße Wasserstoff = 1, da er dessen Atome als die mit der geringsten Masse identifizierte) und einer 1805 veröffentlichten Tabelle der relativen Atommassen von 18 Elementen und Verbindungen den Grundstein für die Gesetze der „konstanten und multiplen Proportionen". Mit seinen zusammengesetzten „Atomverbindungen" nahm er bereits den Molekülbegriff vorweg, der erst 1860 eingeführt wurde (Zur Weiterentwicklung der Atomtheorie Kap. 3).

2.2 Die Atommassen

Die Atommassen (früher: Atomgewichte) sind keine absoluten Massen in Gramm oder Kilogramm – die Zahlenwerte wären viel zu klein und zu unhandlich. Es handelt sich um Vergleichswerte, die mit der absoluten Masse (in Gramm) über die SI-Einheit der Stoffmenge (mol) mit dem Faktor der Avogadro'schen Konstante ($N_A = 6{,}022 \cdot 10^{23}$ 1/mol) miteinander verknüpft sind. Die Atom- und Molekülmassen werden daher in „Einheiten" angegeben, die sich auf eine willkürlich festgesetzte Basis beziehen. Schöner Nebeneffekt der Verknüpfung mit der Konstante N_A ist, dass man die „Einheiten" – ohne den Zahlenwert ändern zu müssen – durch die Maßeinheit g/mol ersetzen kann und so die relative Atommasse (A_r) erhält.

Definition Stoffmenge
Übrigens: Seit Mai 2019 ist die SI-Einheit der Stoffmenge definiert als:
Das Mol, Einheitenzeichen mol, ist die SI-Einheit der Stoffmenge. Ein Mol enthält genau 6,022 140 76 × 10²³ Einzelteilchen. Diese Zahl entspricht dem für die Avogadro-Konstante N_A geltenden festen Zahlenwert, ausgedrückt in der Einheit mol⁻¹, und wird als Avogadro-Zahl bezeichnet.
Die Stoffmenge, Zeichen n, eines Systems ist ein Maß für eine Zahl spezifizierter Einzelteilchen. Bei einem Einzelteilchen kann es sich um ein Atom, ein Molekül, ein Ion, ein Elektron, ein anderes Teilchen oder eine Gruppe solcher Teilchen mit genau angegebener Zusammensetzung handeln.
Die ehemalige Verknüpfung mit dem Kohlenstoff-Isotop ^{12}C ist damit hinfällig.

Die erste Tabelle mit Atommassen wurde 1805 von J. Dalton veröffentlicht. Dalton wählte das leichteste Element, den Wasserstoff, als Bezugsgröße mit dem Wert „1".

Der schwedische Chemiker J. J. Berzelius (1779–1848) veröffentlichte 1814 eine Tabelle der Atommassen von Elementen und Verbindungen. Hierin setzte er den Sauerstoff willkürlich auf den Wert 100, da er dieses Element als den „Angelpunkt der Chemie" ansah.

Dem deutschen Physiker J. Meinecke (1781–1823) und dem englischen Arzt W. Prout (1785–1850) fiel auf, dass die Atommassen vieler Elemente ganz offensichtlich das ganzzahlige Vielfache der Atommasse des Wasserstoffs waren. Dies wurde zum Anlass genommen, den Wasserstoff als Urstoff zu sehen und ihm die Masse „1" zuzuordnen. Hier wurde allerdings das Wasserstoffmolekül (H_2) gleich eins gesetzt. Damit ergab sich z. B. für Kohlenstoff $C = 6$, für Sauerstoff $O = 8$ und für Schwefel $S = 16$.

Erst dem italienischen Chemiker S. Cannizzaro (1826–1910) gelang es 1858, den Unterschied zwischen der Atommasse und der Molekülmasse aufzuklären, und er erkannte, dass Wasserstoff als zweiatomiges Molekül vorliegt. Damit erhielt das Wasserstoffatom (H) den Wert „1", das Wasserstoffmolekül (gasförmiger Wasserstoff, H_2) den Wert „2".

Auf einem großen Chemiker-Kongress im Jahre 1860 in Karlsruhe ging es um die Klärung von Begriffen wie „Atom", „Molekül", „Äquivalent", „Atomigkeit" oder „Basizität", den Entwurf einer einheitlichen Formelschreibweise und um Kriterien für die Bestimmung von Atom- und Molekularmassen. Es nahmen u. a. Beilstein, Bunsen, Cannizzaro, Dumas, Kekulé, Stas und Wurtz teil – neben D. I. Mendelejew, L. Meyer und W. Odling. In der Folge des Kongresses setzte sich die Atom- und Molekulartheorie immer stärker durch und die Atommassenbestimmungen wurden zunehmend genauer. Zweifellos sind dies Gründe, warum das PSE erst in den Folgejahren entdeckt wurde.

Der belgische Chemikers J. S. Stas (1813–1891) war in den Jahren 1837–40 für seine genauen Atommassenbestimmungen bekannt geworden. Sein Vorschlag, den (natürlichen) Sauerstoff als Bezugselement mit der Masse 16,000 zu verwenden, wurde 1865 international angenommen. Auch über die Entdeckung der drei Isotope des Sauerstoffs (1929) hinaus blieb der Sauerstoff in der Chemie bis 1961 die Bezugsgröße. Es galt: 1/16 $^{nat}O = 1$ amu (*atomic mass unit*). Die Physiker verwendeten von 1929 bis 1961 eine Vergleichsskala auf Basis des ^{16}O-Isotops (1/16 $^{16}O = 1$ amu). Rund dreißig Jahre hatten so Chemiker und Physiker geringfügig andere Atommassen: Die Differenz ^{nat}O zu ^{16}O beträgt 0,03 ‰.

Seit 1961 dient das Kohlenstoffisotop ^{12}C als Basis und 1/12 des $^{12}C = 1$ u (*unified atomic mass unit*), für die Chemie und die Physik gleichermaßen. Damit ergeben sich an Atommassen z. B.: ^{nat}H: 1,00797, ^{nat}O: 15,9994; ^{nat}C: 12,011 15.

In den in diesem Buch abgebildeten, teilweise sehr unterschiedlich aufgebauten periodischen Systemen, sind i. d. R. nur die Zahlenwerte der Atommassen – ohne Einheit – angegeben. Bitte beachten Sie, dass hier z. T. unterschiedliche Bezugsgrößen verwendet wurden.

2.3 Frühe Versuche einer Systematisierung

Bereits in der Antike gab es Versuche, die uns umgebenden Stoffe in Gruppen einzuteilen. Man unterschied Metalle, Steine (hart), Erden (weich) und flüchtige Stoffe. Mitte des 18. Jahrhunderts stieg das Bedürfnis nach einer Klassifikation, da immer mehr (anorganische) Stoffe – und damit auch Elemente – entdeckt wurden. So wurden zwischen 1750 und 1790 elf Elemente (H, N, Cl, O, Mn, Ni, Mo, Te, W, U, Zr), und von 1790 bis 1817 weitere 19 Elemente (Na, K, Ba, Sr, Ca, Mg, Be, Cr, Nb, Ta, Pd, Rh, Os, Ir, I, Li, Cd) entdeckt. Eine hinreichende Anzahl an Elementen zur Aufstellung eines Ordnungssystems war somit vorhanden.

Nachdem der Elementbegriff 1789 von A. L. de Lavoisier (1743–1794) eingeführt wurde, zwei Jahre später J. B. Richter (1762–1807) das „Gesetz der äquivalenten Proportionen" formuliert hatte, 1803 Dalton seine Atomtheorie und Avogadro seine Molekültheorie veröffentlicht hatten und sich so u. a. die Möglichkeit ergab, relative Atommassen zu bestimmen, waren auch die theoretischen und messtechnischen Grundlagen vorhanden, ein solches Elementsystem aufzustellen.

2.3.1 Prout's Urstofftheorie

Bereits zu Beginn der 19. Jahrhunderts (1815) versuchte der englische Arzt William Prout (1785–1850), einen Zusammenhang zwischen den damals bekannten Elementen herzustellen. Er nahm an, dass alle Elemente aus einem sogenannten **Urstoff** entstanden seien. Für diesen Urstoff hielt er – nicht ganz zu Unrecht, wie uns heute bekannt ist – den Wasserstoff.

Wäre die Prout'sche Hypothese vollkommen richtig, dann müssten alle Atommassen ganzzahlige Vielfache der Atommasse des Wasserstoffs sein. Setzt man die Atommasse des Wasserstoffs gleich 1, so müssten nach Prout die Atommassen aller Elemente ganze Zahlen sein. Dies trifft in vielen Fällen ziemlich gut zu (Kohlenstoff 12, Stickstoff 14, Sauerstoff 16, Schwefel 32), passt aber in anderen Fällen gar nicht (Lithium 6,9; Chlor: 36,5; Magnesium 24,3; Krypton 83,7). Insbesondere die von J. J. Berzelius (1779–1848) und J. S. Stas (1813–1891) mit größter Genauigkeit durchgeführten Atommassenbestimmungen zeigten, dass von einer Ganzzahligkeit bei den meisten Elementen keine Rede sein kann.

Heute wissen wir, dass der Kern des Wasserstoffatoms, das Proton, tatsächlich Baustein aller anderen Elemente ist und dass alle Elemente durch Verschmelzung der Atomkerne leichterer Elemente in Sternen gebildet werden – beginnend mit

der Verschmelzung von Wasserstoffkernen zu Heliumkernen. Die Prout'sche
Hypothese kann daher als eine Art „diffuser Vorstufe" moderner atomtheoretischer
Vorstellungen betrachtet werden.

2.3.2 Döbereiners Triadenlehre

J. W. Döbereiner (1780–1849) betrachtete in seiner 1829 veröffentlichten
Triadenlehre die Elemente nach chemischen Gesichtspunkten. Ihm war auf-
gefallen, dass die drei Halogene Chlor, Brom und Iod die gerundeten Atommassen 35,5; 80 und 127 besitzen. Die Summe der Massen von Chlor und Iod
geteilt durch zwei ergibt 81,25 – und damit relativ genau die Atommasse von
Brom.

Ebenso stehen die chemischen und physikalischen Eigenschaften des Broms
zwischen denen von Chlor und Iod. Chlor[1] ist ein gelbgrünes Gas, Brom eine
braune Flüssigkeit und Iod ein dunkelvioletter – fast schwarzer – Feststoff. Die
gerundeten Dichten betragen: Chlor (verflüssigt): 1,51 g/cm^3, Brom: 3,12 g/cm^3,
Iod: 4,93 g/cm^3. Die Säurestärke nimmt von HCl (pK_S −7) über HBr (pK_S −9) zu
HI (pK_S −11) zu. In der Reaktivität liegt Brom zwischen Chlor und Iod, wie z. B.
die Bildung der Wasserstoffverbindungen zeigt. So werden je mol HX freigesetzt:
HCl 92,4 kJ, HBr 51,9 kJ, HI 4,7 kJ.

Eine Gruppe von drei chemisch ähnlichen Elementen, deren Atommassen wie
angeführt in Beziehung stehen, nannte Döbereiner eine Triade. Andere Triaden
bilden z. B. die Alkalimetalle Lithium – Natrium – Kalium, die Erdalkalimetalle
Calcium – Strontium – Barium oder die Chalkogene Schwefel – Selen – Tellur.

Auf Basis der Triadenlehre veröffentlichte L. Gmelin (1788–1853) bereits
1843 einen Vorläufer des Periodensystems (Abb. 2.1).

2.3.3 De Chancourtois' Zylinder

Die Periodizität der Elemente wurde zum ersten Mal 1862 von dem französischen
Geologen A.-E. Béguyer de Chancourtois (1820–1886) entdeckt. Er legte auf
den Mantel eines Zylinders eine Schraubenlinie in einem 45°-Winkel und teilte
den Umfang in 16 Teile. Jeder Abschnitt entsprach einer Atommasseneinheit.

---

[1]Fluor wurde erst 1886 erstmals rein hergestellt.

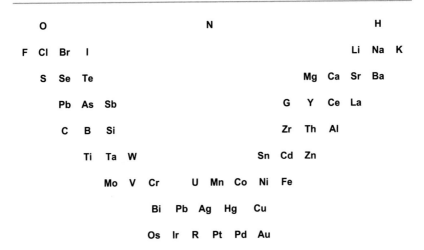

Abb. 2.1 Darstellung der chemischen Elemente. (Nach L. Gmelin (1843), Neuzeichnung)

Das Interessante war, dass bei dieser Anordnung miteinander verwandte Elemente häufig übereinander zu liegen kamen. Die Periodizität gab sich darin zu erkennen, dass man nach dem Fortschreiten um eine Windung auf der gleichen Linie ähnliche Elemente fand. Diese Anordnung ist auch als **tellurische Helix** (lat. *tellus* = Erde und griech *helix* = gebogen, „schraubenförmig") bekannt. Einen Ausschnitt dieser Helix in modernisierter Form sehen Sie in Abb. 2.2.

2.3.4   Odlings Ordnungssystem

Seltener noch als Chancourtois (Abschn. 2.3.3) und Newlands (Abschn. 2.3.5) wird der englische Chemiker W. Odling (1829–1921) von der Geschichtsschreibung als einer der Vorreiter des PSE berücksichtigt.

Bereits 1857 teilte er die Elemente in 13 „natürliche Gruppen" ein und schuf von 1857–1865 eine Reihe von Elementetafeln – Vorläufern des Periodensystems. Im Gegensatz zu Newlands gelang es ihm, 57 der 60 damals bekannten Elemente einzuordnen. Newlands System hingegen umfasste nur 24 Elemente. Beide, Newlands und Odling, veröffentlichten ihre Aufstellungen 1864 und kamen unabhängig voneinander 1865 auf sich periodisch wiederholende Eigenschaften zu sprechen. Auch wenn Odling schon 1857 eine Elementetafel (und damit einen Vorläufer des PSE) entwickelt hatte: Er veröffentlichte seine Überlegungen erst

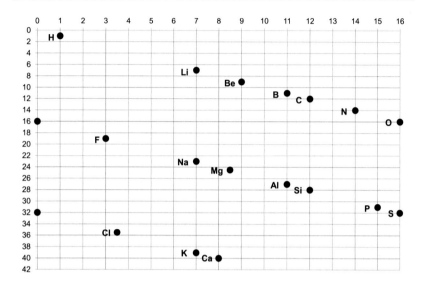

Abb. 2.2 Ausschnitt aus der „tellurischen Helix". (Nach de Chancourtois 1862; Neuzeichnung)

1864 und damit zwei Jahre nach Chancourtois. Auffallend ist die Ähnlichkeit des Entwurfs von Odling mit der 1869 von Mendelejew veröffentlichten Tabelle (vergleiche Abb. 6.1).

2.3.5 Newlands Oktavengesetz

Ebenfalls dicht an das moderne PSE führten die Arbeiten von J. A. Newlands (1837–1898), der die Periodizität 1864 (Veröffentlichung etwa zeitgleich mit Odling) sozusagen nochmals entdeckte. Er ordnete die Elemente nach steigender Atommasse und nummerierte sie dabei fortlaufend (Wasserstoff = 1, Lithium = 2, Beryllium = 3, usw. – die Edelgase waren noch unbekannt).

Ging er nun von einem beliebigen Element aus, so gelangte er nach sieben Elementen zu einem achten, gleichartigen Element. Dies ist einer Tonleiter ähnlich, bei der man nach jeweils sieben Tönen auf einen achten, gleichartigen Ton stößt: die Oktave. Newlands nannte die von ihm gefundene Regel daher das **„Gesetz der Oktaven".** Da Newlands dem Wasserstoff eine Sonderstellung einräumte, ergaben sich zunächst zwei Perioden mit je 7 Elementen. Dann mussten vom Kalium zum Brom allerdings 14 bereits bekannte Elemente eingefügt werden. Auf Dauer erwies sich diese Achter-Regel daher als zu starr und wurde wieder verworfen.

Newlands Nummerierung hingegen ist und bleibt fester Bestandteil des Periodensystems: Die von ihm eingeführten Ordnungszahlen (wenn auch z. T. korrigiert) sind immer noch vorhanden.

2.4 Mendelejews Tabelle

Die Grundlagen des heutigen PSE wurden von L. Meyer und D. I. Mendelejew unabhängig voneinander geschaffen. Meyer erstellte in den Jahren 1864–1868 für sein Lehrbuch „*Die modernen Theorien der Chemie*" eine geteilte Tabelle von 52 Elementen, wobei er den Schwerpunkt auf die physikalischen Eigenschaften (Schmelzpunkt, Siedepunkt, Dichte, usw.) legte. Mendelejew hingegen berücksichtigte vor allem die chemischen Eigenschaften.

Mendelejew wurde 1865 der Lehrstuhl für technische Chemie an der Universität St. Petersburg zuteil, wobei sein Schwerpunkt auf Vorlesungen der anorganischen Chemie lag. Als er 1868 sein Lehrbuch „*Grundlagen der Chemie*" verfasste, sah er sich gezwungen, die chemischen Elemente in irgendeiner naturwissenschaftlich begründbaren Form zu ordnen. Mendelejew schrieb die Elemente und deren Atommassen auf einzelne Kärtchen und gruppierte diese immer wieder neu, bis er schließlich die richtige Anordnung gefunden hatte.

Sein Grundgedanke war, die Eigenschaft „Masse" als unabänderlich anzusehen, um darauf alle anderen Eigenschaften beziehen zu können. Es war für ihn daher klar, nach einer Abhängigkeit zwischen den Eigenschaften der Elemente und ihrer (Atom-) Masse zu suchen.

Werden nun die Elemente nach steigender Atommasse angeordnet, so ergibt sich eine periodische Wiederholung ihrer Eigenschaften. Nach einer bestimmten Anzahl von Schritten stößt man auf ein Element, welches ähnliche Eigenschaften besitzt wie ein vorhergehendes. Nach der gleichen Schrittanzahl trifft man erneut auf ein ähnliches Element. Diese Wiederkehr von gleichartigen Dingen bezeichnet man als Periodizität. Danach erhielt dieses Ordnungsprinzip seinen Namen.

In seiner Abhandlung „Die Beziehungen zwischen den Eigenschaften der Elemente und ihren Atomgewichten" (Mendelejew 1869b) vom März 1869 wurde das Mendelejew'sche Periodensystem erstmals veröffentlicht. Der Inhalt der umfassenden Abhandlung kann wie folgt zusammengefasst werden:

Reihen	Gruppe I R₂O	Gruppe II RO	Gruppe III R₂O₃	Gruppe IV RO₂ RH₄	Gruppe V R₂O₅ RH₃	Gruppe VI RO₃ RH₂	Gruppe VII R₂O₇ RH	Gruppe VIII RO₄
1	H (1)							
2	Li (7)	Be (9)	B (11)	C (12)	N (14)	O (16)	F (19)	
3	Na (23)	Mg (24)	Al (27)	Si (28)	P (31)	S (32)	Cl (35,5)	
4	K (39)	Ca (40)	–	Ti (48)	V (51)	Cr (52)	Mn (55)	Fe (56) | Co (59) | Cu (63,6)
5	(Cu)	Zn (65)	–	–	As (75)	Se (79)	Br (80)	
6	Rb (85)	Sr (88)	Y (89)	Zr (91)	Nb (94)	Mo (96)	–	Ru (102) | Rh (103) | Pd (107) | Ag (108)
7	(Ag)	Cd (112)	In (115)	Sn (119)	Sb (120)	Te (128)	I (127)	
8	Cs (133)	Ba (137)	La (139)	Ce (140)	? Di	–	–	– – –
9	–	–	–	–	–	–	–	
10	–	–	Yb (172)	–	Ta (182)	W (184)	–	Os (191) | Ir (193) | Pt (195) | Au (197)
11	(Au)	Hg (201)	Tl (204)	Pb (207)	Bi (208)	–	–	
12	–	–	–	Th (232)	–	U (239)	–	– – – –

Abb. 2.3 Periodensystem Mendelejews (1871); Neuzeichnung

1. Die nach der Größe ihrer Atommassen angeordneten Elemente zeigen eine deutliche Periodizität in ihren Eigenschaften.
2. Elemente, die in ihrem chemischen Verhalten ähnlich sind, besitzen entweder ähnliche Atommassen (z. B. Pt, Ir, Os) oder gleichmäßig zunehmende (z. B. K, Rb, Cs).
3. Die Anordnung der Elemente in Gruppen entspricht ihrer sogenannten Wertigkeit.
4. Die in der Natur häufig auftretenden Elemente besitzen eine geringe Masse.
5. Die Größe der Atommasse bestimmt den Charakter eines Elements.
6. Es ist zu erwarten, dass noch einige z. Zt. nicht bekannte Elemente entdeckt werden. So z. B. ein dem Aluminium oder dem Silicium ähnliche Elemente mit den Atommassen 65–75.
7. Die bisher angenommenen Atommassen können einer Korrektur unterzogen werden, wenn entsprechende, analoge Elemente bekannt werden.
8. Manche Analogien der Elemente lassen sich aufgrund der Größe der Atommasse finden.

Bereits zwei Jahre später veröffentlichte Mendelejew eine neue Tabelle, die um die zwischenzeitlich entdeckten Elemente erweitert worden war (Mendelejew 1871).

In dieser neueren Tabelle (Abb. 2.3) steht der Wasserstoff allein in der ersten Reihe. In der zweiten Reihe folgen: Lithium (einwertig, Alkalimetall, stark basisch), Beryllium (zweiwertig, Erdalkalimetall, stark basisch), Bor (dreiwertig, bildet eine schwache Säure), Kohlenstoff (vierwertig, bildet eine schwache Säure) und Stickstoff (fünfwertig, bildet eine starke Säure). Sauerstoff und Fluor fallen etwas aus der Reihe. Nach diesen beiden nichtmetallischen Elementen folgt in der dritten Reihe eine auffallende Änderung der Eigenschaften. Natrium (einwertig, Alkalimetall, stark basisch) und Magnesium (Erdalkalimetall, basisch) ähneln den Elementen der zweiten Reihe. Die Eigenschaften wiederholen sich. Auch die Unregelmäßigkeiten in den Gruppen VI und VII fallen weg: Auf den Phosphor (fünfwertig, Säurebildner) folgen Schwefel (sechswertig, Säurebildner) und Chlor (siebenwertig, Säurebildner).

In dieser Art gliedert sich das System in acht Familien oder Gruppen von Elementen. Die niedrigen Gruppen enthalten die ausgeprägt metallischen Elemente, die höheren Gruppen die Nichtmetalle (ohne Berücksichtigung der Gruppe VIII). Innerhalb der Gruppen nimmt der metallische Charakter von oben nach unten zu. Eine Linie vom Bor zum Iod trennt die Metalle von den Nichtmetallen ab.

Vergleicht man die Oxide, so nimmt die Wertigkeit gegenüber Sauerstoff entsprechend der Gruppennummer zu: Na_2O, MgO, Al_2O_3, SiO_2, P_2O_5, SO_3, Cl_2O_7. Gleichzeitig nimmt der saure Charakter von links nach rechts zu. Na_2O bildet mit Wasser die starke Base Natronlauge ($NaOH$), MgO die Base Magnesiumhydroxyd ($Mg(OH)_2$). Aus SiO_2 entsteht die extrem schwache Kieselsäure („H_2SiO_3"). Diphosphorpentoxid (P_2O_5) reagiert zur mittelstarken Phosphorsäure (H_3PO_4) und SO_3 bzw. Cl_2O_7 bilden die starken Säuren Schwefelsäure (H_2SO_4) und Perchlorsäure ($HClO_4$). Al_2O_3 steht mit seinem Verhalten in der Mitte zwischen den Basen und den Säuren: Es regiert amphoter.

Bei den Wasserstoffverbindungen nimmt die Wertigkeit von der Gruppe IV an regelmäßig ab: SiH_4, PH_3, H_2S, HCl. Auch hier nimmt der saure Charakter mit steigender Gruppennummer zu. SiH_4 ist keine Säure, PH_3 extrem schwach, H_2S eine schwache, HCl eine starke Säure.

Mendelejew kam bei seiner Aufstellung – neben den Ergebnissen der Karlsruher Konferenz (vergleiche Abschn. 2.2) – zugute, dass von den 92 natürlich vorkommenden Elementen bereits 60 entdeckt waren. Ebenfalls dürfte es sehr hilfreich gewesen sein, dass von den 17 natürlich vorkommenden seltenen Erden (Lanthanoide und Actinoide) erst fünf entdeckt worden waren: Ce, Yb, Di, Th und U. Seine Arbeit wäre ungleich schwieriger gewesen, da sich die Lanthanoiden chemisch so ähnlich verhalten, dass sie nur schwer voneinander zu trennen sind. So erwies sich auch das Element Di bzw. dessen Oxid (Abb. 2.3, Gruppe V, Zeile 8) später als ein Gemisch der Oxide von Sm, Gd, Pr und Nd.

2.5   Mendelejews Voraussagen

Mendelejew war von seinem Ordnungssystem so überzeugt, dass er Atommassen korrigierte und Voraussagen zu bis dahin nicht entdeckten Elementen machte. Seiner Meinung nach duldeten Gesetzmäßigkeiten keine Ausnahmen.

Bereits beim Aufstellen seines Systems nahm er an, dass die Atommasse von Beryllium ungenau oder falsch sei. Die dem Wasserstoff äquivalente Atommasse des Be wurde zu 4,5 bestimmt. D. h. bei der Bestimmung von Molekülmassen wurde ein Wert gefunden, der dem 4,5-fachen des entsprechenden Wertes für Wasserstoff betrug.

Aufgrund der chemischen Ähnlichkeit mit Aluminium nahm man zunächst an, Beryllium sei dreiwertig. Die Atommasse ergab sich demnach zu $4{,}5 \cdot 3 = 13{,}5$. In Mendelejews Tabelle ist aber zwischen den Nichtmetallen Kohlenstoff (Atommasse 12) und Stickstoff (Atommasse 14) kein Platz für das metallische Beryllium. Mendelejew behauptete daher, dass Beryllium zweiwertig sein und eine Atommasse von 9 haben müsse ($4{,}5 \cdot 2 = 9$). Dementsprechend fand das Be seinen Platz zwischen Lithium und Bor. Erst 15 Jahre später erwies sich diese Annahme als korrekt. In ähnlicher Weise korrigierte er auch die Atommassen von In, U, Ti, Ce, Os, Ir und Pt.

Mendelejews System ließ eine Reihe von „Lücken". Er behauptete, dass hier Elemente stehen müssten, die zu dieser Zeit noch nicht entdeckt worden waren. Und nicht nur dies. Er traf sogar Voraussagen zu den Eigenschaften dieser Elemente und vergab vorläufige Namen. Unterhalb des Bors sollte Eka-Bor[2], unterhalb des Aluminiums Eka-Aluminium und unterhalb des Siliciums Eka-Silicium stehen. Noch zu Mendelejews Lebzeiten wurden 1875 das Eka-Aluminium (Gallium), 1879 das Eka-Bor (Scandium), 1888 das Eka-Silicium (Germanium) und 1898 das Eka-Tellur (Polonium) entdeckt. Die Abb. 2.4 vergleicht die Voraussagen mit den in der Realität gefundenen Eigenschaften am Beispiel Eka-Silicium/Germanium.

2.6   Mendelejew oder Meyer?

Nachdem Meyer und Mendelejew mit ihrem periodischen System großer Erfolg zuteil wurde, propagierten – aus patriotischen Gründen heraus – die Franzosen zunächst de Chancourtois, die Briten Newlands als Entdecker der periodischen Gesetzmäßigkeiten.

---

[2] *eka* (sanskrit) = eins.

	Voraussage Eka-Silicium (Es)	Gefunden Germanium (Ge)
Element		
Atommasse	72 g/mol	72,3 g/mol
Dichte	5,5 g/cm³	5,409 g/cm³
molares Volumen	13 cm³/mol	13,2 cm³/mol
Aussehen	dunkelgrau	grau bis silberweiß
Schmelzpunkt	schwer schmelzbar	sublimiert bei Rotglut ohne zu schmelzen
Gewinnung	aus dem Oxid durch Reduktion	Reduktion des Oxids mit Wasserstoff
Oxid		
Formel	EsO_2	GeO_2
Dichte	4,7 g/cm³	4,703 g/cm³
Chlorid		
Formel	$EsCl_4$	$GeCl_4$
Zustand	flüssig	flüssig
Siedepunkt	90 °C	86 °C
Dichte	1,9 g/cm³	1,887 g/cm³
Sulfid		
Formel	EsS_2	GeS_2
löslich in	Ammoniumsulfidlösung	Ammoniumsulfidlösung

Abb. 2.4 Mendelejews Voraussage am Beispiel Eka-Silicium/Germanium

Sehr viele Wissenschaftler sahen hingegen L. Meyer als Begründer des „periodischen Systems" an. Er hatte bereits 1864 – im Zusammenhang mit den Arbeiten an seinem Lehrbuch „Die modernen Theorien der Chemie" – 28 Elemente in sechs Spalten angeordnet, wobei die Bor-Gruppe und die – noch nicht entdeckten – Edelgase fehlten. Weitere 22 Elemente, nämlich viele Metalle, stellte er in gesonderten Tabellen dar, da es ihm zunächst nicht gelang, eine einzige Tabelle für die 50 Elemente zu erstellen. Hier sprach Meyer noch von „Relationen" innerhalb der von ihm aufgestellten Gruppen – **nicht** von einer Periodizität. 1868 übergab er eine überarbeitete, handschriftliche Version der Elementtabelle, die wohl für die zweite Auflage seines Lehrbuchs (erschienen 1872) vorgesehen war an seinen Nachfolger. Im Dezember 1869 – also 9 Monate nach Mendlejew – schrieb Meyer einen Aufsatz mit einer verbesserten Tabelle (Meyer 1870) und der Darstellung einer „Atomvolumenkurve" (Abb. 4.1). Hier sprach Meyer auch das erste Mal von periodischen Eigenschaften. Er traute sich aber – im Gegensatz zu Mendelejew – nicht, die Eigenschaften noch unentdeckter Elemente und/oder deren Verbindungen vorherzusagen.

Obwohl beide 1860 an dem Kongress in Karlsruhe teilnahmen, scheint es so, als ob sie sich nicht persönlich gekannt hatten. Meyer hatte auch Mendelejews Arbeit vom März 1869 vor der Veröffentlichung seiner Arbeit nicht gelesen und erhielt erst im Laufe des Jahres 1870 davon Kenntnis.

Im Gegenzug kannte Mendelejew weder Meyers Lehrbuch noch dessen Aufsatz aus dem Jahr 1864, war aber mit den Arbeiten von Odling – und wohl auch mit denen von Newlands und Chancourtois – vertraut. Mendelejew hatte bereits 1869 auf eine periodische Abhängigkeit der Elementeigenschaften von den Atommassen hingewiesen – mithin als erster von beiden die Periodizität beschrieben. Auch änderte er – wahrscheinlich noch 1869 – die Tabelle (veröffentlicht 1871) dahin gehend ab, dass das, was heute als 2. Periode bezeichnet wird, von Natrium bis Fluor reichte – statt von Beryllium bis Natrium.

Als Meyer erkannte, dass Mendelejews System im Großen und Ganzen mit seinem Entwurf übereinstimmte, entbrannte ein Streit um die Urheberschaft der Entdeckung des „periodischen Systems der Elemente", der offen bis etwa 1880 ausgetragen wurde und in der gesamten Chemikerschaft dieser Zeit ebenfalls diskutiert wurde. Dieser Streit wurde erst 1882 durch die Verleihung der Davy-Medaille, der damals höchsten Auszeichnung in der Chemie, an beide Wissenschaftler beigelegt.

In Summe bleibt festzustellen, dass beide das Wissen um das Ordnungssystem der Elemente in fundamentaler Art und Weise erweitert und verbessert haben, aber auch, dass andere Naturwissenschaftler wie de Chancourtois, Newlands und Odling ihren Teil dazu beigesteuert haben.

Aufgrund der umfasssenderen Erst-Ausarbeitung, der Ersterwähnung der Periodizität und der präzisen Vorhersagen wurde schließlich Mendelejews Leistung als die höchste bewertet. Er gilt daher als „Vater des Periodensystems".

2.7   Weiterentwicklung des PSE

Wie Mendelejew selbst immer wieder betonte, war seine Anordnung nicht vollkommen. Um die chemischen Ähnlichkeiten beizubehalten, mussten – gemessen an der Atommasse – Iod und Tellur, aber auch Cobalt und Nickel ihre Plätze tauschen.

In den Jahren 1892–1898 wurden die Edelgase (He, Ne, Ar, Xe, Kr) entdeckt, die sich aber als „nullte Gruppe" (sie gehen keine Verbindungen ein, d. h. die Wertigkeit ist „0") dennoch gut in das System Mendelejews einfügen ließen – wobei hierbei Argon und Kalium ebenfalls „vertauschte" Plätze erhielten.

Schwieriger gestaltete sich die Einordnung der auf Lanthan folgenden Elemente – der Lanthanoiden. Als man die Elemente zwischen Ce (140 u) und Yb (172 u) entdeckte, zeigte sich, dass sie untereinander und dem Lanthan so ähnlich waren, dass sie kaum von diesem zu trennen waren. Eine „chemische Verwandtschaft" mit Mo, Ag, Cd, etc. ließ sich nicht herstellen. Man behalf sich zunächst

damit, sie als „besondere Gruppe" aus dem bisherigen Periodensystem herauszu-
nehmen.

Für die weitere Entwicklung des PSE erwies sich die Entdeckung der Radio-
aktivität als fruchtbar. Auf der einen Seite konnten so die noch vorhandenen
Lücken vor dem Uran leichter gefüllt werden. Auf der anderen Seite gelangte
man so zu tieferen Einsichten des Atombaus.

Es stellte sich heraus, dass es Stoffe gibt, die sich in ihrer Atommasse um ein
paar Einheiten unterscheiden, aber chemisch identisch sind. Man erkannt, dass es
sich dabei um die gleichen Elemente handelte und bezeichnete diese nur in ihrer
Masse unterschiedlichen, gleichen Elemente als Isotope (griech.: $isos =$ gleich
und $topos =$ Platz; „am gleicher Stelle befindlich").

Als man auch bei den in der Natur gefundenen Elementen Isotope fand,
konnte man auch die „krummen" Atommassen erklären. So besteht z. B. Chlor
aus zwei Isotopen: Zu rund 75 % aus Chlor der Masse 35 und zu knapp 25 % aus
Chlor der Masse 37. Als Mittelwert ergibt sich: $35 \cdot 0,75 + 37 \cdot 0,25 = 35,5$. Das ist
genau die Atommasse, die gefunden worden war. Die meisten Elemente kommen
als Isotopengemische vor, man bezeichnet sie als Mischelemente. Nur 19 Elemente kommen als sogenannte Reinelemente – also nur als ein einziges Isotop
– in der Natur vor.

Durch das Auftreten von Isotopen musste nun aber die Atommasse als
Ordnungsmerkmal aufgegeben werden. An ihre Stelle trat die Ordnungszahl,
also die „laufende Nummer" des jeweiligen Elements. Diese war zunächst von
Newlands (vergleiche Abschn. 2.3.5) als reines Ordnungsmerkmal eingeführt
worden. 1913 fand der Physiker H. Moseley einen Zusammenhang zwischen der
Ordnungszahl (nicht der Atommasse!) und der Röntgenstrahlung, die ein Element
aussendet. Auch stellte sich heraus, dass Moseleys Ordnungszahl-Messungen
gut mit Rutherfords Bestimmungen der Kernladungszahlen übereinstimmte: „Im
Atom gibt es eine fundamentale Größe, die in regelmäßigen Schritten von einem
Element zum anderen zunimmt. Diese Größe kann nur die positive Ladung des
Atomkerns sein.", stellte Moseley fest.

Damit wurde die Ordnungszahl zur Anzahl der positiven Kernladungen und so
von einer vereinfachenden Nummerierung zu einem fundamentalen Ordnungsprinzip.

Durch die von Moseley gefundenen Zusammenhänge wurden auch die Elemente 72 (Hafnium, Hf, 178,5 g/mol) und 75 (Rhenium, Re, 186,2 g/mol) aufgrund ihrer Röntgenspektren entdeckt.

Die moderne Kernphysik hat durch die Herstellung von Tc eine Lücke im PSE
gefüllt. Sie hat es auch (Stand 2019) um zusätzliche 24 Elemente erweitert: von
Element 95 Am (Americium) bis Element 118 Og (Oganesson).

Der Atombau 3

Nach den Vorstellungen des englischen Physikers Sir E. Rutherford (1871–1939) aus dem Jahre 1911 wird ein positiver Atomkern von (negativen) Elektronen umkreist. Der Kern trägt nahezu die ganze Masse des Atoms und hat nur ca. ein Zehntausendstel des Durchmessers des gesamten Atoms. Die Größe eines Atoms wird durch dessen Hülle bestimmt, in der sich die Elektronen befinden.

Der dänische Physiker N. Bohr (1885–1962) kam zwei Jahre später zu der Auffassung, dass sich die Elektronen der Atomhülle in Schalen um den Atomkern gruppieren. Dies führte zu einer Theorie des Atombaus, die – erweitert und ergänzt – auch heute noch Gültigkeit besitzt.

3.1 Aufbau des Atomkerns

Wie wir heute wissen, besteht der Atomkern, der praktisch die gesamte Masse eines Atoms ausmacht, aus Protonen (Zeichen: p, Ladung +1, Masse: 1,0073 u) und Neutronen (Zeichen: n, Ladung ± 0, Masse 1,0087 u). Der Atomkern misst im Mittel etwa 15 fm (fm = Femtometer = 10^{-15} m) im Durchmesser.

Die Anzahl der Protonen (= Ordnungszahl) bestimmt, um welches Element es sich handelt. Die Neutronen wirken quasi als „Klebstoff", der die gleich geladenen Protonen zusammenhält und somit einen stabilen Atomkern erst ermöglichen (Näheres hierzu siehe z. B. Schmiermund 2019, S. 329 f.) Die Summe der Massen der Protonen und Neutronen bestimmt die Atommasse des jeweiligen Atoms.

In der Kurzschreibweise schreibt man die Anzahl der Nukleonen (= die Summe der Protonen und Neutronen) hochgestellt vor das Elementsymbol (^{xx}M), die Anzahl der Protonen (= die Ordnungszahl) tiefgestellt vor das Elementsymbol ($_{xx}$M).

© Springer Fachmedien Wiesbaden GmbH, ein Teil von Springer Nature 2019
T. Schmiermund, *Die Entdeckung des Periodensystems der chemischen Elemente*, essentials, https://doi.org/10.1007/978-3-658-28319-3_3

Beispiele für die Schreibweise des Elementsymbols nur mit Ordnungszahl:
Wasserstoff: $_1$H; Natrium: $_{11}$Na; Phosphor: $_{15}$P; Silber: $_{47}$Ag; Quecksilber: $_{80}$Hg

3.2 Aufbau der Atomhülle

Das Atom selbst ist aufgrund der Elektronenhülle, die den Atomkern umgibt, wesentlich größer als der Kern: Der Mittelwert des Durchmessers beträgt ca. 150 pm (pm = Picometer = 10^{-12} m). Damit hat das Atom einen ca. 10 000-mal größeren Durchmesser als der Kern.

Diese den Atomkern umgebende „Hülle" besteht aus Elektronen (Zeichen: e$^-$, Ladung -1, Masse: 1/1836 des Protons). Sie sind nicht nur der Träger des elektrischen Stroms, sondern sind auch für die Bindungen, die Atome untereinander eingehen, von größter Bedeutung.

3.2.1 Atommodell nach Bohr

N. Bohr stellte 1913 Annahmen zum Aufbau der Atome auf (Bohr'sche Postulate) und gelangte so zu seinem Atommodell. Für dieses Atommodell gilt:

- Das Atom besteht aus einem Atomkern und einer Atomhülle.
- Der Atomkern ist positiv geladen, trägt fast die gesamte Masse des Atoms und befindet sich in dessen Zentrum.
- Der Atomkern hat nur ca. 1/10 000 des Durchmessers des gesamten Atoms.
- Die Atomhülle bestimmt die Größe des Atoms.
- Die Atomhülle ist negativ geladen. In ihr befinden sich die Elektronen des Atoms.
- Die Elektronen bewegen sich nur auf bestimmten („erlaubten") Bahnen um den Atomkern herum.
- Je weiter außen die Bahnen liegen, desto energiereicher ist das Elektron.
- Bei dem Wechsel von einer zur anderen Bahn wird Energie nur in Form von „Energiepaketen" (Energiequanten) aufgenommen bzw. abgegeben.

Bohr benannte die sich so ergebenden Elektronenschalen zunächst mit Großbuchstaben (von innen nach außen: K, L, M, N, O, P). Aus den Bohr'schen Elektronenschalen ergibt sich zusätzlich eine maximale Anzahl an Elektronen

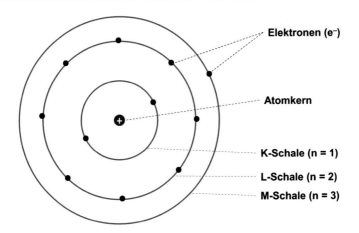

Abb. 3.1 Bohr'sches Atommodell für Natrium

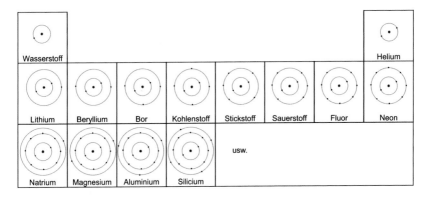

Abb. 3.2 Periodensystem (Ausschnitt) mit Darstellung des Bohr'schen Atommodells

je Bahn. Hierzu werden die Bohr'schen Bahnen von innen nach außen durchnummeriert. Die innerste Bahn erhält die 1, die nächst äußere die 2, usw. Die
maximale Anzahl an Elektronen ergibt sich dann nach $2n^2$, mit n = Schalen-
nummer. Die Abb. 3.1 zeigt den Schalenaufbau am Beispiel des Natriumatoms.
Eine Darstellung des PSE mit den Bohr'schen Schalen zeigt Abb. 3.2 für die ersten 14 Elemente.

3.2.2 Bohr-Sommerfeld'sches Atommodell

Das Bohr'sche Atommodell markiert den Wendepunkt zum quantenmechanischen Atommodell (auch Orbitalmodell genannt). Sommerfeld verallgemeinerte das Bohr'sche Modell und erweiterte es. Hierbei wurden u. a. vier verschiedene sogenannte „Quantenzahlen" eingeführt:

- Hauptquantenzahl „n" ist gleich der Bohr'schen Bahn und umfasst *beinahe übereinstimmende* Energiezustände des Elektrons.
- Die Nebenquantenzahl „ℓ" charakterisiert die Energiezustände des Elektrons *innerhalb* der einzelnen Schalen. Wie die Bohr'schen Bahnen („Hauptschalen") werden auch die Nebenquantenzahlen („Unterschalen" oder „Niveaus") mit Buchstaben bezeichnet:
  $\ell = 0 \to$ s; $\ell = 1 \to$ p; $\ell = 2 \to$ d; $\ell = 3 \to$ f
- Die Magnetquantenzahl „m" verfeinert die Aufspaltung der Energiezustände, indem Einflüsse von (starken) Magnetfeldern berücksichtigt werden (mögliche Werte: $-\ell \ldots 0 \ldots +\ell$)
- Die Spinquantenzahl „s" gibt den „Eigendrehimpuls" der Elektronen an. Der Spin kann nur die Werte +1/2 und −1/2 annehmen.

Nach W. Pauli (1900–1958) dürfen zwei Elektronen in einem Atom nicht in allen vier Quantenzahlen übereinstimmen. Man kann unter Beachtung dieses Ausschließungsprinzips nun bestimmen, wie viele Elektronen das jeweilige Niveau (Unterschale) aufzunehmen in der Lage ist:

Niveau	Mögliche Nebenquantenzahlen ℓ	Mögliche Magnetquantenzahlen m	Mögliche Spinquantenzahlen s	Max. Anzahl Elektronen
s	0	0	+1/2, −1/2	2
p	−1, 0, +1	−1, 0, +1	+1/2, −1/2	8
d	−2, −1, 0, +1, +2	−2, −1, 0, +1, +2	+1/2, −1/2	10
f	−3, −2 − 1, 0, +1, +2, +3	−3, −2, −1, 0, +1, +2, +3	+1/2, −1/2	14

Um jetzt die Elektronenkonfiguration eines Elements angeben zu können, wird dem Kennbuchstaben der Nebenquantenzahl ℓ die Hauptquantenzahl n (die Nummer der Bohr'schen Bahn) vorangestellt. Die Anzahl der Elektronen in dem jeweiligen Niveau wird durch eine hochgestellte Ziffer geschrieben:

Bohr'sche Schale		Anzahl Niveaus	Bezeichnung der Niveaus	Berechnung max. Anzahl Elektronen	maximale Elektronenverteilung
K-Schale	1. Schale	1	1s	$2 \cdot 1^2 = 2 \cdot 2 = 2$	$1s^2$
L-Schale	2. Schale	2	2s, 2p	$2 \cdot 2^2 = 2 \cdot 4 = 8$	$2s^2 \, 2p^6$
M-Schale	3. Schale	3	3s, 3p, 3d	$2 \cdot 3^2 = 2 \cdot 9 = 16$	$3s^2 \, 3p^6 \, 3d^{10}$
N-Schale	4. Schale	4	4s, 4p, 4d, 4f	$2 \cdot 4^2 = 2 \cdot 16 = 32$	$4s^2 \, 4p^6 \, 4d^{10} \, 4 \, f^{14}$

Sich so ergebende Elektronenkonfigurationen werden – zur Verkürzung der Gesamtsequenz – häufig derart geschrieben, dass man das vorhergehende Edelgas der Konfiguration voranstellt. Hier ein paar Beispiele:

Element	Elektronenkonfiguration (Langform)	Elektronenkonfiguration (Kurzform)
Wasserstoff (H)	$1s^1$	$1s^1$
Helium (He)	$1s^2$	$1s^2$
Beryllium (Be)	$1s^2 \, 2s^2$	$[\text{He}] \, 2s^2$
Sauerstoff (O)	$1s^2 \, 2s^2 \, 2p^4$	$[\text{He}] \, 2s^2 \, 2p^4$
Chlor (Cl)	$1s^2 \, 2s^2 \, 2p^4 \, 3s^2 \, 3p^5$	$[\text{Ne}] \, 3s^2 \, 3p^5$
Kalium (K)	$1s^2 \, 2s^2 \, 2p^4 \, 3s^2 \, 3p^6 \, 4s^1$	$[\text{Ar}] \, 4s^1$
Krypton (Kr)	$1s^2 \, 2s^2 \, 2p^4 \, 3s^2 \, 3p^6 \, 3d^{10} \, 4s^2 \, 4p^6$	$[\text{Ar}] \, 3d^{10} \, 4s^2 \, 4p^6$

3.2.3 Orbitalmodell

Bei genauerer Betrachtung lässt sich feststellen, dass sich die Elektronen nicht auf festen Bahnen bewegen, sondern sich vielmehr innerhalb bestimmter Bereiche um den Atomkern herum mit extrem hoher Wahrscheinlichkeit aufhalten. Diese Bereiche werden Orbitale genannt. Die Hauptquantenzahl n trifft eine Aussage über die Größe des Orbitals, die Nebenquantenzahl ℓ über die Form und die Magnetquantenzahl m über die räumliche Orientierung des Orbitals. Eine detailliertere Erklärung findet sich z. B. in Schmiermund 2019, S. 86 f.

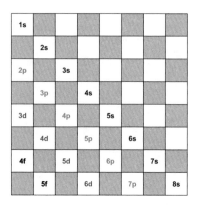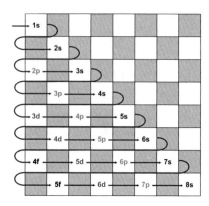

Abb. 3.3 Orbitalbesetzung nach der „Schachbrett-Methode"

3.3   Besetzung der Atomhülle mit Elektronen

Im Periodensystem sind die Elemente von links nach rechts nach zunehmender Kernladungszahl angeordnet. Es liegt nun in der Natur der Sache, dass mit jedem hinzukommenden Proton im Kern auch ein Elektron in der Hülle hinzukommen muss, um ein neutrales Atom zu erhalten.

Es ist nun aber so, dass das 3d-Orbital über einen höheren Energieinhalt verfügt als das 4p-Orbital. Daher wird nach dem 4s-Orbital zuerst das 3d-Orbital gefüllt, hierauf folgt das höherenergetische 4p-Orbital. Um sich diese Besetzungsreihenfolge merken bzw. herleiten zu können, empfiehlt sich die Schachbrettmethode (vergleiche Abb. 3.3). Ordnet man diese Besetzungsreihenfolge den Elementen zu und wählt die gleiche Anordnung wie im PSE, so ergibt sich Abb. 3.4.

Diese Reihenfolge gilt *fast* uneingeschränkt. Abweichungen ergeben sich bei halbbesetzten oder vollbesetzten Energieniveaus der d- bzw. f-Niveaus, da diese eine höhere Stabilität aufweisen.

Beispiele für Abweichungen in der Besetzungsreihenfolge

- $_{28}$Ni: [Ar] $3d^8\,4s^2$ → $_{29}$**Cu: [Ar] $3d^{10}\,4s^1$** → $_{30}$Zn: [Ar] $3d^{10}\,4s^2$
- $_{63}$Eu: [Xe] $4f^7\,6s^2$ → $_{64}$**Gd: [Xe] $4f^7\,5d^1\,6s^2$** → $_{65}$Tb: [Xe] $4f^9\,6s^2$
- $_{78}$Pt: [Xe] $4f^{14}\,5d^9\,6s^1$ → $_{79}$**Au: [Xe] $4f^{14}\,5d^{10}\,4s^1$** → $_{80}$Hg: [Xe] $5d^{10}\,6s^2$

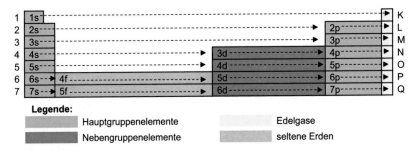

Abb. 3.4 Übersichtsdarstellung der Besetzungsreihenfolge als PSE

Die Periodizität

4

Sowohl chemische als auch physikalische Eigenschaften der Elemente hängen periodisch von ihrer Atommasse – genauer: von ihrer Ordnungszahl; noch exakter: von ihrer Elektronenstruktur – ab. Einige dieser Eigenschaften sollen näher betrachtet werden, um diese Periodizität besser verstehen zu können. Hierbei ist zu bedenken, dass das Konzept der Periodizität von zentraler Bedeutung für die anorganische Chemie ist. Das PSE systematisiert chemische Fakten und hilft so dabei, diese verständlich zu machen.

Der eigentliche Grund für die auftretende Periodizität verschiedenster Eigenschaften liegt in einer Kombination aus Kernladung, Anzahl der Elektronenschalen und der Anzahl der Außenelektronen, d. h. mithin der Besetzung der einzelnen Niveaus mit Elektronen.

4.1 Periodizität der physikalischen Eigenschaften

Periodische Tendenzen der physikalischen Eigenschaften der Elemente wurden erst 1868 durch L. Meyers Atomvolumenkurve erkannt und in der Folge untersucht. Chemische Eigenschaften und sich wiederholende Trends bei den Elementen hingegen waren bereits ab dem Ende des 18. Jahrhunderts Gegenstand wissenschaftlicher Untersuchungen.

4.1.1 Atomvolumen

In der Abb. 4.1 ist eine modernisierte Version von Meyers Atomvolumenkurve dargestellt. Man erkennt deutlich die Maxima bei den Alkalimetallen und die Minima, die etwa um die Mitte der jeweiligen Periode liegen (C, Al, Co, Ru, Ir).

© Springer Fachmedien Wiesbaden GmbH, ein Teil von Springer Nature 2019
T. Schmiermund, *Die Entdeckung des Periodensystems der chemischen Elemente*, essentials, https://doi.org/10.1007/978-3-658-28319-3_4

Bei den Alkalimetallen kommt eine neue Außenschale, die mit einem Elektron besetzt ist, hinzu. In der Periodenmitte ist die maximale Anzahl an Bindungselektronen vorhanden, der Radius ist am kleinsten. Bei mehr Elektronen wird der Platzbedarf langsam wieder größer, da diese zusätzlichen Elektronen ebenfalls Raum beanspruchen.

4.1.2 Ionisierungsenergie

Als Ionisierungsenergie bezeichnet man die Energie, die aufgewendet werden muss, um ein Elektron aus der Elektronenhülle eines Atoms oder Ions zu entfernen. Die niedrige Ionisierungsenergie der Alkalimetalle (Abb. 4.1) erklärt z. B. deren hohe Reaktivität und die Flammenfärbungen. Weiters kann man erkennen:

- Die Elemente der 1. Hauptgruppe (Li, Na, K, Rb) haben sehr niedrige Ionisierungsenergien. Das einzelne Außenelektron (Elektronenkonfiguration: s^1) ist leicht abzutrennen.
- Bei den Elementen der 2. Hauptgruppe liegt die Energie etwas höher. Hier muss ein Elektron aus dem vollbesetzten s-Orbital (Elektronenkonfiguration s^2) entfernt werden.
- In der 3. Hauptgruppe (B, Al, Ga, In) liegt die Ionisierungsenergie wieder niedriger. Das einzelne Elektron des p-Orbitals (Elektronenkonfiguration $s^2\,p^1$) ist wieder leichter zu entfernen.
- Bei den Edelgasen schließlich liegt die Ionisierungsenergie ungewöhnlich hoch. Die Elektronenkonfiguration $s^2\,p^6$ (bzw. s^2 beim He) stellt einen sehr stabilen Zustand dar.

4.1.3 Elektronenaffinität

Als Elektronenaffinität bezeichnet man die Energie, die ein neutrales Atom bei der Aufnahme eines Elektrons umsetzt. Energie, die durch die Aufnahme eines Elektrons frei wird, ist in der Abb. 4.2a durch positive Werte dargestellt. Energie, die aufgewendet werden muss, entsprechend als negativer Wert.

- Die Halogene (F, Cl, Br, I) nehmen sehr leicht Elektronen auf. Sie bilden dann aus ihrer ursprünglichen Elektronenkonfiguration $s^2\,p^5$ die stabilere Edelgas-Konfiguration $s^2\,p^6$.

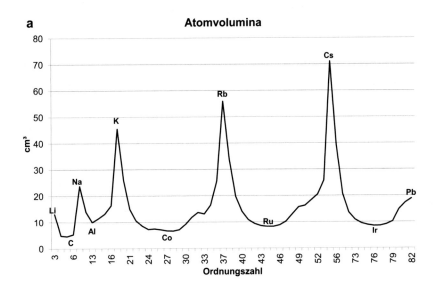

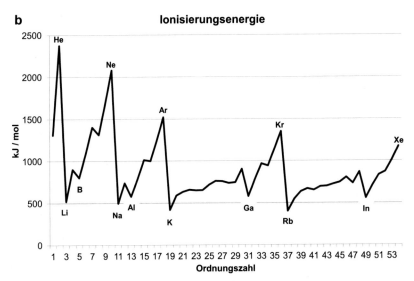

Abb. 4.1 Periodizität: **a** Atomvolumenkurve (nach L. Meyer; Neubearbeitung); **b** Ionisierungsenergie

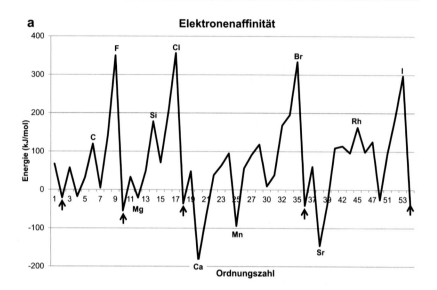

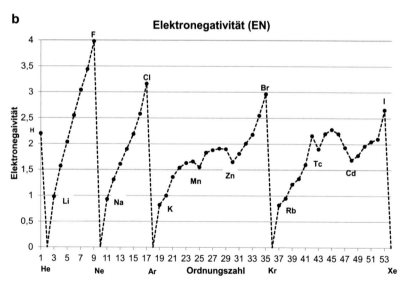

Abb. 4.2   Periodizität: **a** Elektronenaffinität; **b** Elektronegativität (EN)

- Die etwas höhere Affinität des Chlors gegenüber dem Fluor rührt daher, dass die vom Fluor zum Chlor steigende Kernladung (von 9 p^+ auf 17 p^+) die Wirkung des steigenden Atomradius (von 64 pm auf 99 pm) noch übertrifft.
- Die Erdalkalimetalle (Be, Mg, Ca, Sr) können nur sehr schwer ein weiteres Elektron in ihre Atomhülle einbauen, da zusätzlich zu dem voll besetzten s-Orbital ein p-Orbital gebildet werden muss.
- Die Energien der Edelgase (Pfeile) liegen alle etwa gleich, da die Bildung einer „neuen Schale" (es wird jeweils das nächstfolgende s-Orbital mit einem Elektron besetzt) einen vergleichbar hohen Energieaufwand bedeutet.

4.1.4   Weitere periodische physikalische Eigenschaften

Dem geneigten Leser bleibt es selbst überlassen, die Periodizität weiterer physikalischer Eigenschaften zu erarbeiten.

Dies können für die Elemente z. B. sein: Schmelzpunkte, Siedepunkte, Dichte, Schmelz-/Verdampfungswärme oder die Dissoziationsenergien.

Auch der Vergleich der Dichte bzw. der Schmelz- und Siedepunkte einfacher binärer Verbindungen wie der Hydride, Chloride, Oxide oder Sulfide zeigt die analogen Kurvenverläufe und so die Periodizität der jeweiligen Eigenschaft.

4.2   Periodizität der chemischen Eigenschaften

Die chemischen Eigenschaften lassen sich nicht so einfach „in Zahlen fassen", also quantitativ beschreiben, wie das mit den physikalischen Eigenschaften möglich ist. Es lassen sich dennoch Trends erkennen. Und zwar einmal, wenn man die Elemente innerhalb ihrer Gruppe vergleicht, aber auch, wenn man den Verlauf entlang der Periode betrachtet.

4.2.1   Elektronegativität

L. Pauling (1901–1994) entwickelte 1932 ein System, um die Polarität einer Bindung abschätzen zu können. Hierzu führte er ein Maß, die Elektronegativität, ein. Die Elektronegativität (EN) ist ein Maß für das Bestreben eines Atoms, Elektronen in einer Bindung zu sich zu ziehen.

Durch die Festlegung der EN von Fluor auf den Wert 4,0 konnte eine geschlossene Elektronegativitätsskala für alle Elemente angegeben werden. Die

EN spielt bei den Bindungen der Atome untereinander und somit bei der Entstehung von Ionen und Molekülen eine wichtige Rolle.

Da Edelgase keine Verbindungen im „klassischen Sinn" eingehen, können für sie keine Elektronegativitäten bestimmt werden. In der Abb. 4.2b wurden die Werte willkürlich auf „0" gesetzt.

4.2.2   Wertigkeit und Oxidationszahl

Die sogenannte Wertigkeit ist eine charakteristische Elementeigenschaft. Sie wird häufig definiert als die Anzahl von Wasserstoffatomen, die sich mit dem Element zum Hydrid verbinden können, oder als die Anzahl der Chloratome, die sich mit dem Element zum Chlorid verbinden können. Manchmal wird sie auch definiert als die doppelte Anzahl von Sauerstoffatomen, die in Oxiden an das jeweilige Atom gebunden werden.

Die Hauptgruppenelemente (Gruppen Ia bis VIIIa) bilden Hydride der allgemeinen Formel MH_n, wobei n bei den Gruppen Ia, IIa, IIIa und IVa gleich der Gruppennummer N (= 1, 2, 3, 4) ist und bei den Gruppen Va, VIa, VIIa und VIIIa der Rechnung VIII-N (= 3, 2, 1, 0) gehorcht.

Bei den Oxiden treten steigende maximale Wertigkeiten auf, die direkt mit den Gruppennummern zusammenhängen. Nachfolgende Tabelle und Abb. 4.4 verdeutlichen dies noch einmal.

Gruppe:	I	II	III	IV	V	VI	VII	VIII
Hydride	MH	MH_2	MH_3	MH_4	MH_3	MH_2	MH	–
Oxide	M_2O	MO	M_2O_3	MO_2	M_2O_5	MO_3	M_2O_7	MO_4

Die Wertigkeit ist zunächst das hier beschriebene Verhältnis. Unter Berücksichtigung der Elektronegativitäten ergibt sich hieraus die sogenannte Oxidationszahl. Das jeweils stärker elektronegative Element erhält ein negatives Vorzeichen, das weniger elektronegative („elektropositivere") Element ein positives Vorzeichen. Diese werden nach allgemeiner Übereinkunft als römische Ziffern und mit Vorzeichen *über* das jeweilige Element geschrieben, wenn die Angabe der Oxidationszahl notwendig ist. In der Abb. 4.3 sind die Oxidationszahlen der Perioden 1–4 gezeigt – und der besseren Lesbarkeit wegen in arabischen Ziffern geschrieben.

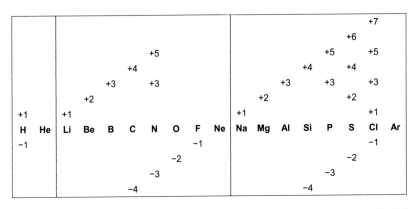

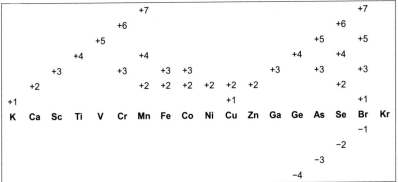

Abb. 4.3 Darstellung der Oxidationszahlen der Elemente der ersten vier Perioden

4.2.3 Saurer bzw. basischer Charakter der Oxide und Hydride

Die Alkalimetalle reagieren direkt mit Wasser zu Hydroxiden gemäß $2\,M + 2\,H_2O \rightarrow 2\,MOH + H_2$. Ihre Oxide reagieren ebenfalls: $M_2O + H_2O \rightarrow 2\,MOH$. Bei der Reaktion von Oxiden der Nichtmetalle hingegen entstehen Säuren: $SO_3 + H_2O \rightarrow H_2SO_4$. Hieraus lässt sich ebenfalls eine Tendenz herleiten.

So sind die Hydroxide MOH der I. Hauptgruppe alle starke Basen, deren Basizität nach unten zunimmt. Die Hydroxide der VII. Hauptgruppe sind Säuren, deren Azidität nach unten abnimmt. Die Elemente in der Mitte der Hauptgruppen

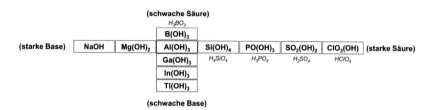

Abb. 4.4 Saurer bzw. basischer Charakter der Hydroxide der Elemente am Beispiel der dritten Periode

sind – mehr oder minder ausgeprägt – amphoter (z. B.: $Be(OH)_2$, $Al(OH)_3$, $Ga(OH)_3$, $Sn(OH)_2$). Durch Anlagerung von Sauerstoffatomen an die freien Elektronenpaare der Zentralatome (das entspricht einer Erhöhung der Oxidationszahl) der Gruppen V. bis VII. erhöht sich deren Acidität merklich, wie hier am Beispiel der Chlorsäuren gezeigt:

Verbindung	HClO	$HClO_2$	$HClO_3$	$HClO_4$
Oxidationszahl Cl	+I	+III	+V	+VII
Hydroxid-Formel	Cl(OH)	ClO(OH)	$ClO_2(OH)$	$ClO_3(OH)$
Säurecharakter	Schwach	Mittel	Stark	Sehr stark
pK_S-Wert	7,54	1,97	−2,7	−10

Abb. 4.4 stellt dies nochmals allgemein am Beispiel der dritten Periode dar.

Anders verhält es sich mit den Hydriden. Die binären Hydride der Metalle sind Basen, die der Nichtmetalle Säuren. Die Säurestärke nimmt von oben nach unten zu, wie der Vergleich der Halogenhydride deutlich zeigt:

Verbindung	HF	HCl	HBr	HI
Säurecharakter	Mittel	Sehr stark	Sehr stark	Sehr stark
pK_S-Wert	−3,14	−6	−8,9	−10

4.3 Zusammenfassung Periodizität

Die wichtigsten periodischen Eigenschaften der Elemente werden in übersichtlicher Tabellenform in Tab. 4.1 aufgeführt.

Tab. 4.1 Wichtige periodische Eigenschaften der Elemente

Atomradius, Atomvolumen	• Nimmt von oben nach unten zu • Nimmt von links nach rechts ab	Atomvolumen, Atomradius
Ionisierungs-energie	• Nimmt von oben nach unten ab • Nimmt von links nach rechts zu	Ionisierungsenergie
Elektronenaf-finität	• Bei den Halogenen sehr hoch • Bei den Erdalkalimetallen sehr gering	Elektronenaffinität
Elektronegativität	• Nimmt von oben nach unten ab • Nimmt von links nach rechts zu • elektronegativstes Element: Fluor („nichtmetallischstes Nichtmetall") • elektropositivstes Element: Francium („metallischstes Metall")	Elektronegativität
Metall-Charakter	• Nimmt von oben nach unten zu • Nimmt von links nach rechts ab	Metall-Charakter

Das heutige PSE

Das heutige Periodensystem ist in 7 Perioden zu je 8 Hauptgruppen und 8 Nebengruppen gegliedert, wobei eine Nebengruppe (VIIIb) aus drei Teilgruppen (8, 9, 10) besteht. Dies ergibt in Summe 18 Gruppen. Dazu kommen zwei Perioden, in denen die sogenannten Lanthanoide bzw. Actinoide – jeweils 14 Stück – zugefügt werden. Diese erhalten jedoch keine gesonderte Nummerierung.

Die horizontalen Zeilen des Periodensystems, die Perioden, weisen von links nach rechts steigende Ordnungs- bzw. Elektronenanzahl auf.

Die senkrechten Spalten des Systems werden Gruppen genannt. Aufgrund der zueinander analogen Konfiguration der Außenelektronen zeigen diese Elemente ein chemisch ähnliches Verhalten und werden daher z. T. auch als Elementfamilien bezeichnet.

Über viele Jahre war das Nummerierungssystem des CAS (*Chemical Abstracts Service*) maßgeblich. Hierbei wurden die Hauptgruppen mit dem Zusatz „a" und die Nebengruppen mit dem Zusatz „b" versehen. Die römischen Ziffern entsprachen – mehr oder minder – der Anzahl der Außenelektronen.

Seit über 25 Jahren hat die Gruppennummerierung der IUPAC (*International Union of Pure and Applied Chemistry*) verbindliche Gültigkeit. Hier werden die Gruppen von links nach rechts von 1 bis 18 durchnummeriert. Bei den Hauptgruppen 13–18 ist daher zur Ermittlung der Anzahl der Außenelektronen von der Gruppennummer die Zahl 10 abzuziehen. (Durch diese „Rechnung" hält sich die alte CAS-Nummerierung in einigen Bereichen aber nach wie vor.)

Beiden Nummerierungssystemen ist zu eigen, dass die so genannten seltenen Erden (=Lanthanoide und Actinoide) keine Gruppennummern erhalten. Tab. 5.1 gibt eine Übersicht über die Haupt- und Nebengruppen mit ihrer Elektronenkonfiguration und den Oxidationszahlen.

© Springer Fachmedien Wiesbaden GmbH, ein Teil von Springer Nature 2019
T. Schmiermund, *Die Entdeckung des Periodensystems der chemischen Elemente*, essentials, https://doi.org/10.1007/978-3-658-28319-3_5

Tab. 5.1 Übersicht der Haupt- und Nebengruppen des Periodensystems

Gruppe (CAS, alt)	Gruppe (IUPAC)	e^--Konfiguration (Außenelektronen)	Gruppenname bzw. Elemente der Gruppe	Häufige Oxidations-zahlen
Hauptgruppen				
Ia	1	s^1	Alkalimetalle Li, Na, K, Rb, Cs, Fr	+I
IIa	2	s^2	Erdalkalimetalle Be, Mg, Ca, Sr, Ba, Ra	+II
IIIa	13	s^2p^1	Bor-Gruppe B, Al, Ga, In, Tl, N(h)	+III
IVa	14	s^2p^2	Kohlenstoff-Gruppe C, Si, Ge, Sn, Pb, F(l)	+IV/−IV
Va	15	s^2p^3	Stickstoff-Gruppe N, P, As, Sb, Bi, (Mc)	+V/+III/−III
VIa	16	s^2p^4	Chalkogene O, S, Se, Te, Po, (Lv)	+VI, +IV, +II, −II
VIIa	17	s^2p^5	Halogene F, Cl, Br, I, At, (Ts)	+VII, +V, +III, +I, −I
VIIIa	18	s^2p^6	Edelgase He, Ne, Ar, Kr, Xe, Rn	0
Nebengruppen				
IIIb	3	s^2d^1	Sc, Y, La, Ac	+III
IVb	4	s^2d^2	Ti, Zr, Hf, (Rf)	+IV
Vb	5	s^2d^3	V, Nb, Ta, (Db)	+V
VIb	6	s^1d^5	Cr, Mo, W, (Sg)	+II, +III, +VI
VIIb	7	s^2d^5	Mn, Tc, Re (Bh)	+II, +IV, +VII
VIIIb	8	s^2d^6	Fe, Ru, Os, (Hs)	+II, +III
	9	s^2d^7	Co, Rh, Ir, (Mt)	+II, +III
	10	s^2d^8	Ni, Pd, Pt, (Ds)	+II, +IV
Ib	11	s^1d^{10}	Cu, Ag, Au, (Rg)	+I (+II), (+III)
IIb	12	s^2d^{10}	Zn, Cd, Hg, (Cn)	+II

Abb. 5.1 heutiges Periodensystem, aktuelle IUPAC-Darstellung (so genannte ‚Langform')

Zur heute gültigen Darstellung des Periodensystems (IUPAC, so genannte „Langform") siehe Abb. 5.1. Beachten Sie, dass gegenüber früheren Darstellungen die Elemente La und Ac das jeweils erste Element der nach unten gestellten Lanthanoiden-und-Actinoiden-Reihe bilden. In älteren Fassungen wurden Lanthan und Actinium häufig der Gruppe 3 (alt: IIIb) zugeordnet und die darauf folgenden Elemente „eingeschoben".

Andere Formen des Periodensystems

6

Auch das Periodensystem war im Laufe der Jahre vielerlei Wandlungen unterworfen. Dabei existiert eine *optimale* Form des Periodensystems nicht. Die Wahl der Darstellungsform wird auch vom Zweck der Darstellung selbst bestimmt. Diese Zwecke können z. B. sein: chemische Ähnlichkeiten, die Elektronenkonfiguration, die besetzten Schalen und Unterschalen u. a. m.

Machen Sie sich ruhig die Mühe und recherchieren Sie im Internet nach „Periodensysteme" und „alternative Periodensysteme" – oder sehen Sie sich die URL am Ende des Literaturverzeichnisses an. Sie werden sicher interessante Varianten und Bastelanregungen finden.

▶ **Anmerkung** Alle in diesem Buch dargestellten Periodensysteme und weitere finden sich als Zusatzmaterial unter https://doi.org/10.1007/978-3-658-28319-3_1 auf der Seite dieses Werkes.

6.1 Periodensysteme in „alter Form"

Bei den ersten Periodensystemen wurden die „Gruppen" zeilenweise, die „Perioden" spaltenweise angeordnet. Dies trifft sowohl auf Odling (1864) als auch auf Mendelejew (1869) zu, wie in Abb. 6.1 dargestellt.

a Mendelejew

```
H = 1
Be = 9,4    Mg = 24                    Ti = 50      Zr = 90      ? = 180
B = 11      Al = 27,4                  V = 51       Nb = 94      Ta = 182
C = 12      Si = 28                    Cr = 52      Mo = 96      W = 186
N = 14      P = 31                     Mn = 55      Rh = 104,4   Pt = 197,4
O = 16      S = 32                     Fe = 56      Ru = 104,4   Ir = 198
F = 19      Cl = 35,5             Ni = Co = 59      Pd = 106,6   Os = 199
Li = 7      Na = 23    K = 39          Cu = 63,4    Ag = 108     Hg = 200
                       Ca = 40         Zn = 65,2    Cd = 112
                       ? = 45          ? = 68       Ur = 116     Au = 197?
                       ?Er = 56        ? = 70       Sn = 118
                       ?Yt = 60        As = 75      Sb = 122
                       ?In = 75,6      Se = 79,4    Te = 128?    Bi = 210?
                                       Br = 80      J = 127
                                       Rb = 85,4    Cs = 133     Tl = 204
                                       Sr = 87,6    Ba = 137     Pb = 207
                                       Ce = 92
                                       La = 94
                                       Di = 95
                                       Th = 118 ?
```

b Odling

```
H   1                                       Ro   104    Pt  197
"                                           Ru   104    Ir  197
Li  7                                       Pd   106,5  Os  199
Be  9                                       Ag   108    Au  196,5
B   11    Al  27,5                          Cd   112    Hg  200
C   12    Si  28                            "          Tl  203
N   14    P   31                            "          Pb  207
O   16    S   32             Zn  65         U   120    "    Bi  210
F   19    Cl  35,5           "              Sn  118    "
Na  23    K   39             "              Sb  122    "
Mg  24    Ca  40             "              Te  129
          Ti  50            As  75          I   127
          "                 Se  79,5        Cs  133    "
          Cr  52,5          Br  80          Ba  137
          Mn  55            Rb  85          Ta  138
          Fe  56            Sr  87,5        "          "  Th  231,5
          Co  59            Zr  89,5        V   137
          Ni  59            Ce  92          W   184
          Cu  63,5          Mo  96
```

Abb. 6.1 Periodensysteme in zeilenweiser Darstellung **a** Mendelejew (1869), **b** Odling (1864)

6.2 Periodensystem nach Thomsen und Bohr

Thomsen (1895) und Bohr (1923) haben eine um 90° gedrehte Version einer Pyramide vorgeschlagen. Hierbei sind die Perioden als senkrechte Reihen angeordnet. Elemente, die im heutigen PSE untereinander zu stehen kommen, sind mit Linien verbunden (Abb. 6.2).

Die oberste Linie sind die Alkalimetalle, darunter die Erdalkalimetalle. Die unterste Linie sind die Edelgase, darüber die Halogene. Die Nebengruppen-elemente (d-Elemente) sind in der dritten bzw. vierten Spalte eingerahmt. Die seltenen Erden (Lanthanoiden und Actinoiden, f-Elemente) in den beiden letzten Spalten sind doppelt eingerahmt.

6.3 Schleifen und Spiralen

Kipp hat 1942 eine spiralförmige Anordnung vorgeschlagen. Elemente der gleichen Gruppe sind durch gleiche Farben gekennzeichnet. Die obere, kleine Schleife enthält die Nebengruppenelemente, die untere, größere Schleife die Hauptgruppenelemente. Weder die Transurane noch die auf Lanthan bzw. Actinium folgenden Elemente sind in dieser Darstellung berücksichtigt, sodass das Uran (OZ 92) das letzte Element dieser Darstellung ist. In der Abb. 6.3a sind die Gruppennummern nach CAS in Klammern zusätzlich zur IUPAC-Gruppen-nummerierung angegeben.

Theodor Benfey hat ein Schleifen-Periodensystem entworfen (Abb. 6.3b), das eine Weiterentwicklung des Kipp'schen Entwurfs darstellt und alle heute bekannten Elemente umfasst.

6.4 Kurzperiodensysteme

So genannte Kurzperiodensysteme zeichneten sich dadurch aus, dass Haupt- und Nebengruppen im gleichen Raster angeordnet waren. Dies geht auf Mendelejews zweite Version (1871, vgl. Abb. 2.3) zurück. Heute ist diese Darstellungsform nicht mehr gebräuchlich. Die Abb. 6.4 zeigt ein typisches Kurzperiodensystem um ca. 1950. Haupt- und Nebengruppen sind in der gleichen Spalte angeordnet und nach links („a") oder rechts („b") gerückt. Die Lanthanoide sind als zusätz-liche Zeile darunter geschrieben, die Actinoide noch nicht entdeckt.

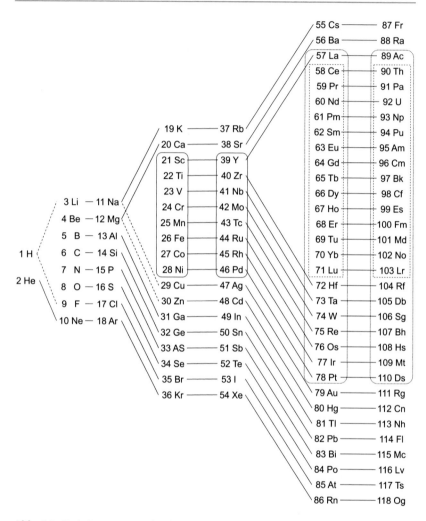

Abb. 6.2 Periodensystem nach Thomsen und Bohr, erweiterte Neuzeichnung. (Details siehe Text Abschn. 6.2)

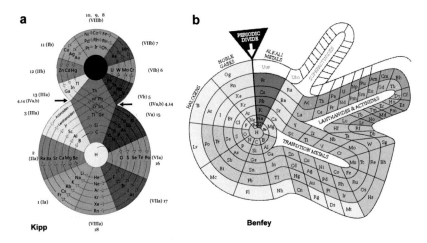

Abb. 6.3 a Spiralen-Periodensystem nach Kipp (1942, Neubearbeitung) **b** Schleifen-Periodensystem nach Benfey. (Quelle: Von Mardeg in der Wikipedia auf Englisch, CC BY-SA 3.0, https://commons.wikimedia.org/w/index.php?curid=6464611); Details siehe Abschn. 6.3

6.5   Periodensystem nach A. v. Antropow

Eine Mischform zwischen dem Langperiodensystem, das heute gebräuchlich ist, und dem Kurzperiodensystem geht auf A. v. Antropow (1926) zurück. Hierbei sind die Perioden in unterschiedlich breiten Spalten, aber streng nach Ordnungszahl angeordnet (Abb. 6.5). Zusätzlich sind die Edelgase zwei Mal vorhanden: Als achte und als nullte Gruppe. Die unterste Zeile zeigt die heutige IUPAC-Nummerierung.

6.6   Geteiltes Langperiodensystem

Die heute übliche Darstellung des Periodensystems ist die sogenannte Langform (vergleiche Abb. 5.1). In dieser Variante sind die Nebengruppen („d-Elemente") zwischen die Hauptgruppen gesetzt und die seltenen Erden (Lanthanoide und Actinoide; „f-Elemente") in zwei Zeilen darunter angeordnet.

Periode	Gruppe I a	Gruppe I b	Gruppe II a	Gruppe II b	Gruppe III a	Gruppe III b	Gruppe IV a	Gruppe IV b	Gruppe V a	Gruppe V b	Gruppe VI a	Gruppe VI b	Gruppe VII a	Gruppe VII b	Gruppe VIII	Gruppe 0
I	1 H 1,0081															2 He 4,003
II	3 Li 6,940		4 Be 9,02			5 B 10,82		6 C 12,01		7 N 14,008		8 O 16,000		9 F 19,00		10 Ne 20,183
III	11 Na 22,997		12 Mg 24,32			13 Al 26,97		14 Si 28,06		15 P 30,98		16 S 32,06		17 Cl 35,457		18 Ar 39,944
IV	19 K 39,096		20 Ca 40,08		21 Sc 45,10		22 Ti 47,90		23 V 50,95		24 Cr 52,01		25 Mn 54,93		26 Fe 55,85 27 Co 58,94 28 Ni 58,69	
IV		29 Cu 63,57		30 Zn 65,38		31 Ga 69,72		32 Ge 72,60		33 As 74,91		34 Se 78,96		35 Br 79,916		36 Kr 83,7
V	37 Rb 85,48		38 Sr 87,63		39 Y 88,92		40 Zr 91,22		41 Nb 92,91		42 Mo 95,95		43 Tc (98)		44 Ru 101,7 45 Rh 102,91 46 Pd 106,7	
V		47 Ag 107,880		48 Cd 112,41		49 In 114,76		50 Sn 118,70		51 Sb 121,76		52 Te 127,61		53 I 126,92		54 Xe 131,3
VI	55 Cs 132,91		56 Ba 137,36		57–71 Seltene Erden*		72 Hf 178,6		73 Ta 180,88		74 W 183,92		75 Re 186,31		76 Os 190,2 77 Ir 193,1 78 Pt 195,23	
VI		79 Au 197,2		80 Hg 200,61		81 Tl 204,39		82 Pb 209,00		83 Bi 209,00		84 Po (210)		85 At (210)		86 Rn 222
VII	87 Fr (223)		88 Ra 226,05		89 Ac (227)		90 Th 232,12		91 Pa 231		92 U 238,07					

*Seltene Erden:

57 La 138,92	58 Ce 140,13	59 Pr 140,92	60 Nd 144,27	61 ?? –	62 Sm 150,43	63 Eu 152,0	64 Gd 156,9	65 Tb 159,2	66 Dy 162,46	67 Ho 163,5	68 Er 167,2	69 Tm 169,4	70 Yb 173,04	71 Lu 174,99

Gruppenbezeichnungen: Ia Alkalimetalle, Ib Kupfergruppe, IIa Erdalkalimetalle, IIb ohne bes. Namen, IIIa Seltene Erden, IIIb Erdmetalle, IVa Seltene Erden, IVb Kohlenstoffgruppe, Va Säurebildner Gr. V, Vb Stickstoffgruppe, VIa Säurebildner Gr. VI, VIb Sauerstoffgruppe, VIIa Säurebildner Gr. VII, VIIb Halogene, VIII Eisen- u. Platinmetalle, 0 Edelgase

Abb. 6.4 Kurzperiodensystem (ca. 1950, Neuzeichnung), Erläuterungen siehe Abschn. 6.4

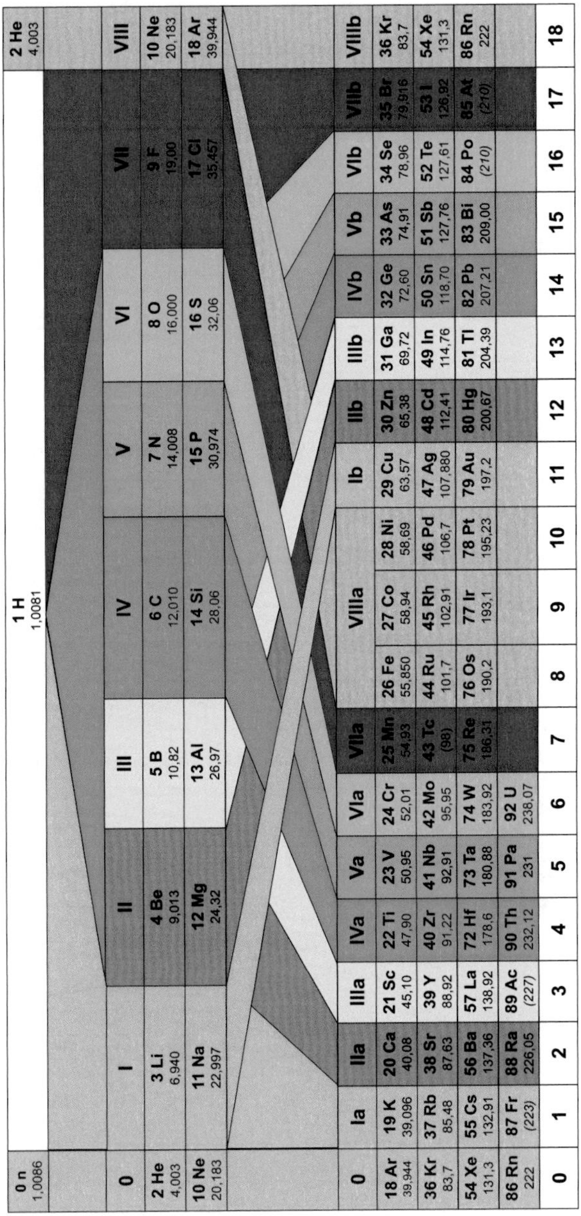

Abb. 6.5 Periodensystem nach Antropow (1926, ergänzte Neubearbeitung), Erläuterung siehe Abschn. 6.5

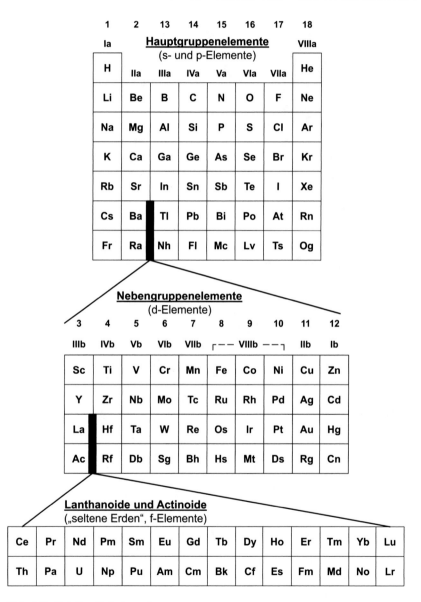

Abb. 6.6 Geteiltes Periodensystem

Aus didaktischen Gründen wird manchmal eine geteilte, fast pyramidale Darstellung nach Abb. 6.6 verwendet. Hier sind die drei Blöcke Hauptgruppen, Nebengruppen und ‚seltene Erden') deutlich voneinander getrennt und die Stellen, an denen die „Einschübe" erfolgen klar gekennzeichnet.

Was Sie aus diesem *essential* mitnehmen können

- Historischer Ablauf der Entdeckung des Periodensystems
- Erklärung der Periodizität innerhalb des PSE
- Tendenzen der Periodizitäten innerhalb des Periodensystems
- Beispiele der Wandlung des Periodensystems und alternative Darstellungsweisen

© Springer Fachmedien Wiesbaden GmbH, ein Teil von Springer Nature 2019
T. Schmiermund, *Die Entdeckung des Periodensystems der chemischen Elemente*, essentials, https://doi.org/10.1007/978-3-658-28319-3

Literatur

Binder HH (1999) Lexikon der chemischen Elemente. S. Hirzel, Stuttgart

Binnewies M, Jäckel M, Willner H, Rayner-Canham G (2004) Allgemeine und Anorganische Chemie. Spektrum, Heidelberg

Christen HR, Meyer G (1997) Grundlagen der Allgemeinen und Anorganischen Chemie. Salle + Sauerländer, Frankfurt a. M.

Cotton FA, Wilkinson G, Gaus PL (1990) Grundlagen der Anorganischen Chemie. Wiley-VCH, Weinheim

Dickerson RE, Gray HB, Haight GP (1978) Prinzipien der Chemie. De Gruyter, Berlin

Döbereiner JW (1829) Versuch zu einer Gruppierung der elementaren Stoffe nach ihrer Analogie. Ann Phys 15:301–307 (Poggendorff JC (Hrsg))

Falbe J, Regitz M (Hrsg) (1995) Römpp Chemie Lexikon, 9. Aufl. Georg Thieme, Stuttgart

Felixberger JK (2017) Chemie für Einsteiger. Springer, Heidelberg

Fluck E, Heumann KG (2012) Periodensystem der Elemente: physikalische Eigenschaften, 5. Aufl. Wiley-VCH, Weinheim

GDCh Gesellschaft Deutscher Chemiker e. V. (Hrsg) (2019) Elemente – 150 Jahre Periodensystem, Sonderdruck für Spektrum der Wissenschaft, Frankfurt a. M. und Heidelberg. https://www.gdch.de/service-information/jahr-des-pse.html

Greenwood NN, Earnshaw A (1988) Chemie der Elemente. Wiley-VCH, Weinheim

Hardt H-D (1987) Die periodischen Eigenschaften der chemischen Elemente. Thieme, Stuttgart

Hollemann AF, Wiberg E (1985) Lehrbuch der anorganischen Chemie, 91.–100. Aufl. De Gruyter, Berlin

Langhammer G (1949) Das Periodensystem. Volk und Wissen, Leipzig

Latscha HP, Klein HA (1996) Anorganische Chemie, 7. Aufl. Springer, Heidelberg

Latscha HP, Mutz M (2011) Chemie der Elemente, 1. Aufl. Springer, Heidelberg

Leach M (1996–2019) Internet database of periodic tables https://www.meta-synthesis.com/webbook/35_pt/pt_database.php. Zugegriffen: 23. Okt. 2019

Mendelejeff D (1869a) Ueber die Beziehungen der Eigenschaften zu den Atomgewichten der Elemente, abgedruckt in: Seubert K (Hrsg) (1895) Das natürliche System der chemischen Elemente, Reprint der Orig.-Ausg. (1996), Harri Deutsch, Frankfurt a. M. (Ostwalds Klassiker der exakten Wissenschaften, Bd 68)

© Springer Fachmedien Wiesbaden GmbH, ein Teil von Springer Nature 2019
T. Schmiermund, *Die Entdeckung des Periodensystems der chemischen Elemente,* essentials, https://doi.org/10.1007/978-3-658-28319-3

Mendelejeff D (1869b) Die Beziehungen zwischen den Eigenschaften der Elemente und ihren Atomgewichten, abgedruckt in: Seubert K (Hrsg) (1895) Das natürliche System der chemischen Elemente, Reprint der Orig.-Ausg. (1996), Harri Deutsch, Frankfurt a. M. (Ostwalds Klassiker der exakten Wissenschaften, Bd 68)

Mendelejeff D (1871) Die periodische Gesetzmäßigkeit der chemischen Elemente, abgedruckt in: Seubert K (Hrsg) (1895) Das natürliche System der chemischen Elemente, Reprint der Orig.Ausg. (1996), Harri Deutsch, Frankfurt a. M. (Ostwalds Klassiker der exakten Wissenschaften, Bd 68)

Meyer L (1864) Natur der Atome: Gründe gegen ihre Einfachheit, abgedruckt in: Seubert K (Hrsg) (1895) Das natürliche System der chemischen Elemente, Reprint der Orig.-Ausg. (1996), Harri Deutsch, Frankfurt a. M. (Ostwalds Klassiker der exakten Wissenschaften, Bd 68)

Meyer L (1870) Die Natur der chemischen Elemente als Function ihrer Atomgewichte, abgedruckt in: Seubert K (Hrsg) (1895) Das natürliche System der chemischen Elemente, Reprint der Orig.-Ausg. (1996), Harri Deutsch, Frankfurt a. M. (Ostwalds Klassiker der exakten Wissenschaften, Bd 68)

Mortimer CE (1996) Chemie, 6. Aufl. Georg Thieme, Stuttgart

Pötsch WR, Fischer A, Müller W (1988) Lexikon bedeutender Chemiker. VEB Bibliographisches Institut, Leipzig

Riedel E (1999) Anorganische Chemie. De Gruyter, Berlin

Scerri E (2007) The periodic table. Its story and its significance. Oxford University Press, Oxford

Schmiermund T (2019) Das Chemiewissen für die Feuerwehr. Springer, Heidelberg

Van Spronsen JW (1965) The periodic system of chemical elements. A history of the first hundred years. Elsevier, New York

Wawra E, Dolznig H, Müllner E (2010) Chemie erleben, 2. Aufl. Facultas, Wien

Welsch N, Schwab J, Liebmann CC (2013) Materie – Erde, Wasser, Luft und Feuer. Springer, Heidelberg

Weyer J (2018) Geschichte der Chemie, Bd 2. Springer, Heidelberg

Wußing H-L (1983) Geschichte der Naturwissenschaften. Druckerei Fortschritt, Erfurt

Wußing H-L, Diertich H, Purkert W, Tutzke D (Hrsg) (1992) Fachlexikon Forscher und Erfinder. Harri Deutsch, Frankfurt a. M.

Printed in the United States
By Bookmasters